Angela Pinzón Pinto

Pedobiologia

Angela Pinzón Pinto

Pedobiologia

Primeira edição

ScienciaScripts

Cover image: www.ingimage.com

This book is a translation from the original published under ISBN 978-613-9-40375-2.

Publisher:
Sciencia Scripts
is a trademark of
Dodo Books Indian Ocean Ltd. and OmniScriptum S.R.L publishing group

120 High Road, East Finchley, London, N2 9ED, United Kingdom
Str. Armeneasca 28/1, office 1, Chisinau MD-2012, Republic of Moldova, Europe
Printed at: see last page
ISBN: 978-620-8-16553-6

Conteúdo

As palavras nunca são suficientes quando o que precisa de ser dito transborda da alma

Julio Cortazar.

Este livro traz consigo a influência dos seus ensinamentos e, em cada página, espero refletir o respeito e a gratidão que sinto por si.

Dr. Abdon Cortes

Dra. Clara Chamorro

LOMBRIZ

ESCARABAJO
ESTERCOLERO

ANT

TERMITA

SNAIL

CIEMPIES

PRÓLOGO

Hoje, abre-se um novo caminho na história da biologia do solo: uma viagem através da diversidade de organismos que aí vivem, com as suas maravilhosas contribuições e vestígios que deixam um emblema da sua memória e o rasto indelével do seu trabalho.

É sabido que a Pedobiologia é uma rica rede de conexões, de relações que a torna única, maravilhosa, simples e complexa ao mesmo tempo; nela sentimos a força da vida, a sua partilha e todas as caraterísticas que ela oferece.

A fauna edáfica é a promessa de um mundo fascinante, cheio de aventuras e de incertezas, de alegria e de esperança, que trabalha constantemente na procura de equilíbrio e de harmonia; os seus representantes mostram como se associam ao solo, como registam a passagem do tempo e a mudança do clima; com o seu trabalho, mostram a sua capacidade de perceção, de resposta e as ligações que estabelecem para manter o ambiente em que vivem.

A edafofauna é uma parte essencial da paisagem e é uma referência da vida quotidiana, faz parte de um todo, forma um circuito interdependente, bidirecional, num processo de troca harmoniosa e constante de vida, unidos por um sistema que lhes permite perceber e ligar-se uns aos outros com um nível de complexidade, sabedoria e acordos tácitos. Os organismos do solo são os grandes artistas da vida no solo.

É possível que, com as actuais ameaças ambientais, económicas, políticas e sociais, a limitação dos recursos hídricos, a falta de segurança alimentar e a imprevisibilidade das alterações climáticas, a importância da fauna do solo seja cada vez mais apreciada.

O livro compila a história fascinante dos representantes da vida no terreno, que dão vida à maravilha da vida, alimentam a sabedoria, partilham a natureza multifacetada das suas actividades e inspiram soluções para a relação homem-solo, que beneficiam as gerações presentes e futuras.

Marfa Romero Pinto Bióloga e Agrologista

PARTE I

A "GRANDE IDEIA DO SOLO". DE DARWIN

Em 1881, descreveu como as minhocas produzem "bolor vegetal" em resultado das suas actividades alimentares e da mistura de materiais minerais e orgânicos do solo.

Escreveu também: "O arado é uma das mais antigas e valiosas invenções humanas, mas muito antes de ele existir a terra era lavrada regularmente, e ainda o é, por minhocas. Duvido que algum outro animal tenha desempenhado um papel tão importante na história do mundo como estas criaturas desorganizadas. "Por isso, devo concluir que toda a cobertura vegetal (solo) de todo o país passou e passará muitas vezes mais pelo trato intestinal destas minhocas".

Descobriu também que o solo é formado por "vermes" que engolfam a mistura de matéria morta e rocha decomposta e expelem uma mistura que é o solo. Foi o primeiro a "descobrir" e a descrever a formação do solo. Foi também o primeiro a "descobrir" a importância do solo para a vida na Terra. (Huhta, Veikko. (2007).

Darwin, pela primeira vez, demonstrou o impacto das formigas na génese e modificação do solo por elas colonizado, em comparação com o das minhocas, uma vez que em solos onde as formigas são abundantes, podem ultrapassá-las em termos de número de partículas de solo removidas.

As formigas são, por conseguinte, consideradas em segundo lugar, apenas atrás das minhocas, em termos de capacidade de bio-peia, mas o impacto das formigas pode ultrapassá-las na remoção e no transporte.

"NÃO É O MAIS FORTE DAS ESPÉCIES NÃO É A MAIS INTELIGENTE QUE SOBREVIVE, É A QUE SE ADAPTA MELHOR ÀS MUDANÇAS". DARWIN.

INTRODUÇÃO

O solo contém uma gama quase infinita de organismos que o habitam temporária ou permanentemente, e nele ocorrem processos fundamentais de pedogénese; a modificação das caraterísticas do solo pela ação da fauna edáfica é um fator muito importante que deve ser tido em conta na análise da génese, morfologia e propriedades do solo.

A reorganização dos materiais do solo pelo biota durante a génese forma complexos organo-minerais, modifica a superfície do solo, escava canais que transformam a porosidade e permitem o fluxo de água e ar, e forma estruturas estáveis. Os organismos não só contribuem para a formação total da matéria orgânica do solo (MOS), mas também a decompõem e transformam-na em nutrientes, por exemplo, C, N, P, S.

Cada solo tem a sua própria gama de organismos que é determinada pelas condições do solo, tais como a temperatura, a humidade, a acidez, o oxigénio e outras. O papel da edafofauna na formação do solo não é geralmente considerado, por vezes detemo-nos apenas na presença de uma minhoca. A edafofauna desempenha um papel vital na formação do ambiente do solo, formando e modificando a arquitetura do solo com túneis, transportando partículas e matéria orgânica, transformando horizontes e criando novos habitats no solo.

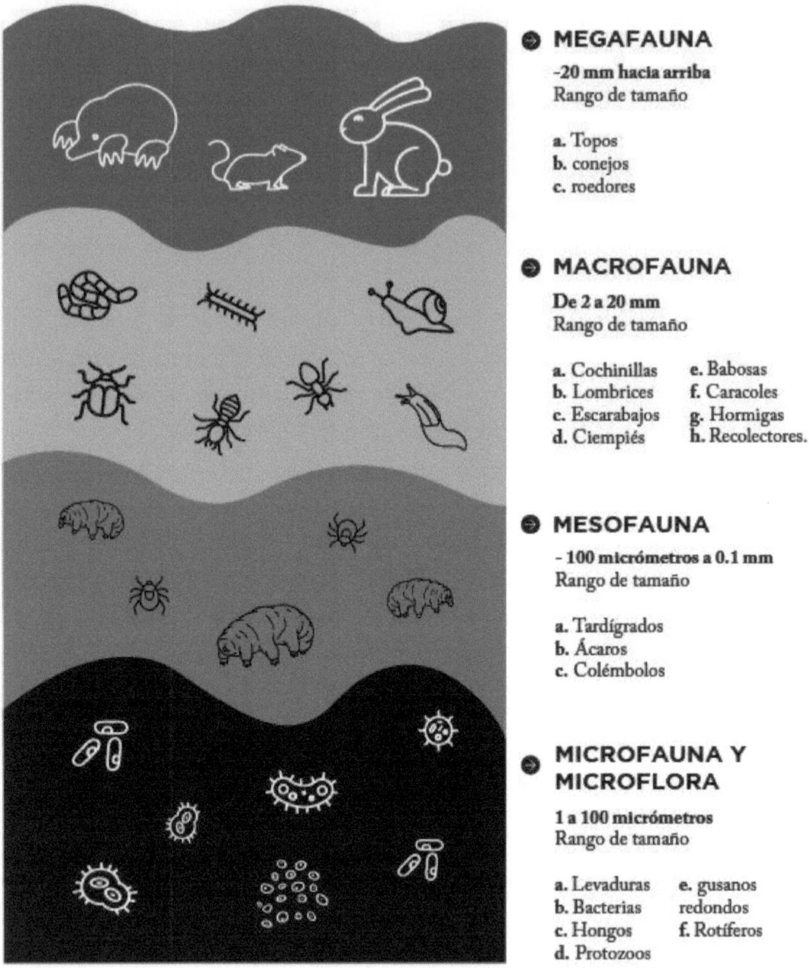

MEGAFAUNA

20 mm para cima Gama de tamanhos a. Toupeiras b. Coelhos c. Roedores

MACROFAUNA

De 2 a 20 mm Gama de tamanhos a. Cochonilhas b. Minhocas c. Escaravelhos d. Centopeias

e. Lesmas f. Caracóis g. Formigas h. Coleccionadores.

MESOFAUNA

- 100 micrómetros a 0,1 mm Intervalo de tamanho a. Tardígrados b. Ácaros c. Rabos de mola Tardígrados b. Ácaros c. Rabos de mola

MICROFAUNA E MICROFLORA

1 a 100 micrómetros Gama de tamanhos a. Leveduras b. Bactérias c. Fungos d. Protozoários e. Lombrigas f. Rotíferos Leveduras b. Bactérias c. Fungos d. Protozoários e. Lombrigas f. Rotíferos

"A pesquisa sobre a microfauna é a mais pesquisada, muito pouco se sabe sobre a megafauna, assim como a mesofauna e dentro da macrofauna, a minhoca do solo é talvez a mais estudada".

A biota do solo tem numerosas e variadas funções que desempenham um papel importante na determinação das propriedades químicas, físicas e biológicas do solo, nomeadamente *a megafauna, a macrofauna, a mesofauna e a microfauna* (Fig. 1 ©) . No país, a pesquisa sobre a microfauna é a mais investigada, muito pouco se sabe sobre a megafauna, o mesmo acontecendo com a mesofauna e dentro da macrofauna, a minhoca do solo é talvez a mais estudada; por isso o objetivo deste texto é mostrar alguns estudos que têm sido realizados no país, e também incentivar o estudo da biologia do solo. A visão holística atual tende a relacionar a diversidade e as funções da superfície do solo com as comunidades subsuperficiais.

Na Colômbia, o estudo da edafofauna começou especialmente com a macrofauna, há cerca de 45 anos no país, e os seus responsáveis foram o Dr. Abdon Cortes e a Dra. Clara Chamorro, através da Universidade Nacional, Jorge Tadeo Lozano, e do Instituto Geográfico Agustm Codazzi.

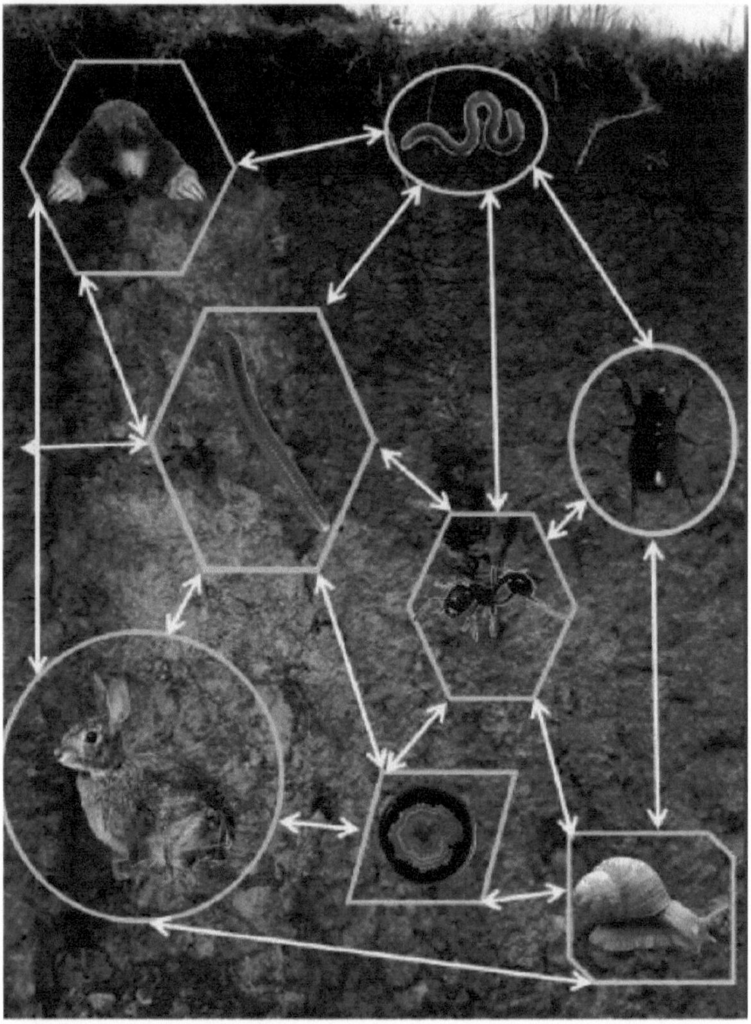

Figura 1: Recriação do ambiente pedobiológico.

PARTE II

FACTORES QUE AFECTAM A EDAFOFAUNA

O solo contém pelo menos um quarto a um terço de todos os organismos vivos do planeta, mas apenas cerca de 1% dos organismos do solo foram identificados.

Muitos dos grupos de macrofauna são sensíveis a perturbações ambientais naturais e antropogénicas, que causam alterações na composição e abundância das suas espécies. Por este motivo, são considerados um indicador biológico muito importante do estado de saúde do solo.

A diversidade e a atividade dos organismos do solo são reguladas por uma hierarquia de factores abióticos e bióticos. Entre os factores abióticos contam-se: o clima, a textura, o tipo de estrutura, a humidade do solo, a salinidade e o pH.

Clima: a sua influência é avaliada através do controlo da fisiologia dos organismos do solo. A sua atividade e crescimento aumentam com a temperatura e a humidade elevadas do solo, o que também aumenta o seu metabolismo. As condições climáticas flutuam fortemente à superfície, razão pela qual alguns deles migram, quer mais profundamente no perfil do solo, quer para outros habitats que os favoreçam.

Uma vez que as condições climáticas são diferentes em cada região do mundo, em cada local, os componentes de cada espécie de solo desenvolveram edafotipos que apresentam gamas óptimas de temperatura e humidade, e esta gama de adaptações depende de cada fase específica da sua vida.

A textura do solo influencia claramente a atividade da biota do solo. Por exemplo, as texturas franco-argilosas, argilosas ou franco-arenosas favorecem o crescimento microbiano e a atividade das minhocas, ao passo que os solos arenosos com baixos potenciais de retenção de água são menos favoráveis. Para as formigas, uma textura franco-arenosa é favorável, enquanto para as térmitas, uma textura argilosa é a mais adequada.

Estrutura e porosidade, a estrutura do solo está associada a um complexo de espaços porosos que desempenham um papel fundamental no funcionamento do solo através do controlo de
interações multiescala de processos físicos, químicos e biológicos.
A estrutura mais favorável para a biota do solo é a estrutura granular, os blocos finos e médios subangulares e angulares que albergam a meso e a microfauna. Os sistemas de canais e de tocas, elaborados pela macrofauna, permitem o arejamento e a dispersão do oxigénio no solo e à volta das raízes.

A salinidade pode aumentar perto da superfície devido a uma fertilização deficiente ou à secagem e causar um stress grave aos organismos do solo. No entanto, a sensibilidade à salinidade difere de espécie para espécie e a redução da salinidade (através da diluição da precipitação) tem, por vezes, efeitos positivos, permitindo o desenvolvimento de outros organismos.
Alterações do pH do solo: podem afetar o metabolismo das espécies ao afetar a atividade de muitas enzimas e a disponibilidade de nutrientes, sendo por isso letal para a maioria dos organismos. A disponibilidade de fósforo é um exemplo, uma vez que é maximizada quando o pH do solo se situa entre 5,5 e 7,5.

A

LOMBRIZ

Família

LUMBRICIDAE

Classe

ANELÍDEOS OLIGOQUETAS

Figura 2: Verme do solo.

UM POUCO DE HISTÓRIA

A civilização suméria, conhecida pelo seu grande conhecimento da agricultura, há mais de 5000 anos, determinava a qualidade do solo a partir da densidade das minhocas ao escavar um buraco. Para a civilização egípcia, as minhocas eram tão valorizadas que as endeusavam e puniam com a morte aqueles que as prejudicavam. O filósofo grego Aristóteles, na sua obra "Historia animalium", afirmava que as minhocas eram os intestinos do solo e contribuíam para a sua produtividade.

Cientistas das Universidades de Reading e York referem que os nódulos de carbonato de cálcio (calcite) excretados por minhocas escavadas em sítios arqueológicos fornecem uma medida única das temperaturas locais antigas. Os nódulos de minhocas do solo podem ser utilizados para medir temperaturas passadas, fornecendo assim uma janela para o clima antigo (Geochimica et Cosmochimica Ata.).

O conhecimento das diferentes espécies de minhocas na Colômbia e da sua atividade no solo começou na Sabana de Bogotá e nos paramos circundantes, depois em solos do Departamento de Tolima, da Ilha de Gorgona, da Costa Atlântica, da Zona Cafeeira, dos contrafortes de Caqueteno e de alguns sectores da Floresta Amazónica e em torno do Complexo Migmatítico de Mitu.

As minhocas são consideradas engenheiras típicas do ecossistema do solo, fornecendo funções ecológicas nos agrossistemas, tais como: degradar a matéria orgânica, melhorar a estrutura e a porosidade do solo, (Bart et al., 2019a; Bertrand et al., 2015; Blouin et al., 2013; Palma et al., 2014). As espécies de minhocas vivem em galáxias verticais que podem estender-se vários metros no perfil do solo (fig. 3 -); à noite, emergem à superfície para se alimentarem de folhas em decomposição e de folhada.

DISTRIBUIÇÃO DO MAZELAS DO SOLO

Entre 70 e 92 % das minhocas habitam os horizontes localizados nos primeiros 20 centímetros de profundidade (O, A, Ap) e apenas 20 % ou menos habitam os horizontes subsuperficiais (AB e B) entre 20 e 50 centímetros de profundidade, (figura 4 O). É importante esclarecer que as populações de minhocas e a sua atividade não podem ser explicadas em função de uma única propriedade do solo, mas como resultado da interação de caraterísticas internas e externas deste componente do ecossistema.

"O conhecimento das diferentes espécies de minhocas na Colômbia e suas
A atividade no terreno começou em Savannah de Bogotá e os paramos circundantes".

Figura 3. Canal elaborado por la lombriz del suelo (Foto A. Pinzón)

Figura 3. Canal feito pela minhoca (Foto A. Pinzon)

Q **Figura 4.** Minhocas nos primeiros horizontes do solo (Foto Internet. Ecomandanga-org)

A análise da distribuição das minhocas no solo permite-nos estabelecer que tanto a altitude acima do nível do mar como a profundidade dos diferentes horizontes do perfil do solo e as suas propriedades influenciam a localização destes macro-organismos. Segundo Chamorro (1990), quanto maior a altitude acima do nível do mar e quanto maior a profundidade, menores são as populações destes macro-organismos. De acordo com Chamorro (1990), quanto maiores as altitudes e profundidades, menores as populações de minhocas; na parte plana da Sabana de Bogotá, o mesmo autor encontrou diferenças nas populações de minhocas em três solos contrastantes das séries Cota (Hapludands), Rfo Bogotá (Fluvaquents) e Techo (Haplustalfs); o primeiro deles abriga 77 % da população estudada, o segundo suporta 20 % e o último 5 %.

"

É IMPORTANTE SABER O QUE ACONTECEU COM AS ALTERAÇÕES CLIMÁTICAS, COMO SE ALTERARAM OS HÁBITOS DESTES ORGANISMOS E QUAIS SERÃO AS REPERCUSSÕES NOS SOLOS E QUAIS AS CONSEQUÊNCIAS A NÍVEL DOS ECOSSISTEMAS TERRESTRES; ESTA É UMA GRANDE TAREFA PARA AS PRÓXIMAS GERAÇÕES DE INVESTIGADORES.

AGREGADOS BIOGÉNICOS

Os agregados biogénicos ou bolores expelidos pelas minhocas são produzidos naturalmente no âmbito do seu ciclo de vida, depois de terem absorvido todos os nutrientes, excretam a sua matéria fecal rica em nutrientes, que é utilizada pelas raças vegetais (Fig. 5 O).

Um estudo de Emma Versteegh comenta: "As minhocas segregam vários excrementos por dia, pelo que fornecem um registo das variações sazonais da temperatura, bem como das variações geográficas locais". Cientistas das Universidades de Reading e York (2013), descobriram que os excrementos de carbonato de cálcio (calci- ta) escavados em sítios arqueológicos fornecem uma medida única das antigas temperaturas locais.

Figura 5. excrementos de minhocas à superfície (retirado da internet Foto: Country life).

● ● Na maioria dos solos, as minhocas desempenham um papel fundamental na formação de agregados e poros (figs. 6 e 7) no solo. Estes agregados biogénicos podem representar mais de 50 % do volume do solo. Estas formações são dinâmicas e podem mudar num curto período de tempo, pelo que a gestão do solo pode afetar grandemente a biota, o que significa que é necessária uma gestão adequada para sustentar os organismos e os seus microhabitats. ● A figura 8 mostra os excrementos numa tomografia computorizada.

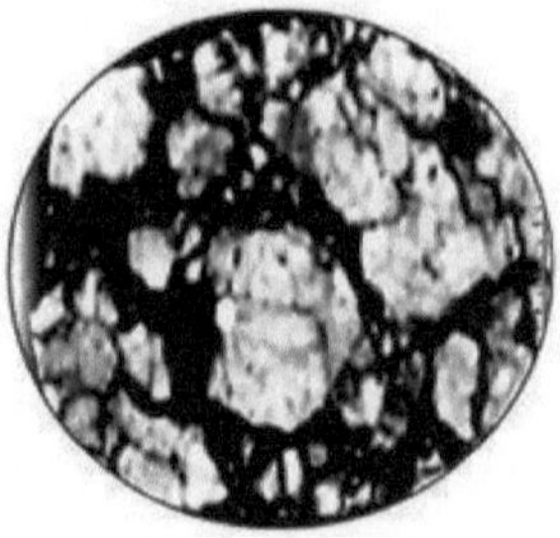
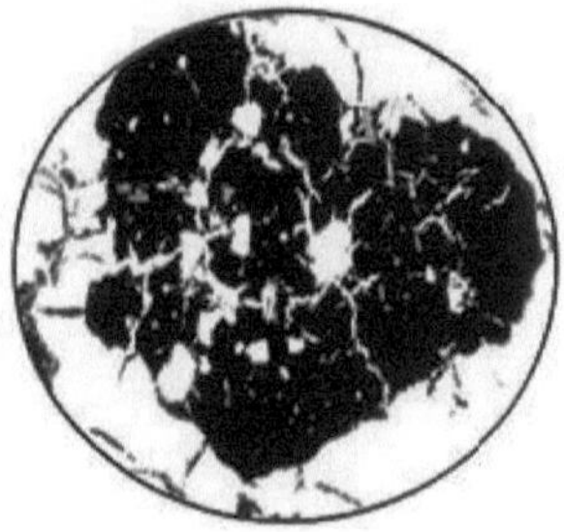

Figura 6: Tomografia computorizada.

Porosidade do solo obtida a partir de agregados e poros biogénicos (A. Pinzon) esteromicroscópio (A. Pinzon)

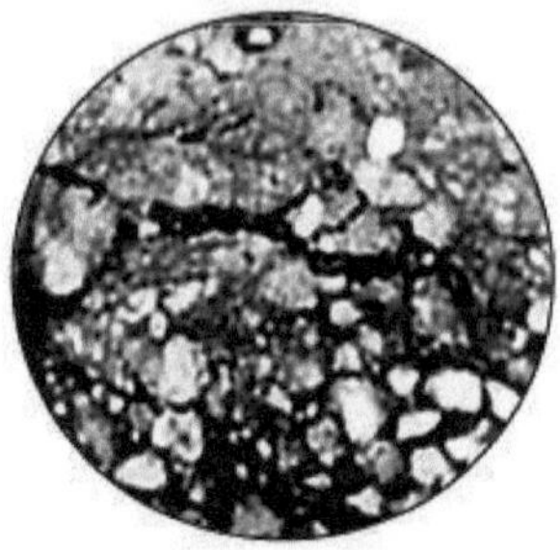

Figura 8: Tomografia computorizada de excrementos de minhocas (A. Pinzon)

Em três solos representativos das unidades de mapeamento Complexo Mitu e Associação Tipiaca (Vaupes, Colômbia) foram analisadas as populações de minhocas e estabeleceu-se que Eisenia constitui 50% no solo classificado como Acroperox Petroferrico; Andiodrilus 39% no solo Haploperox e Glossoscolex giganteus 11% nos Quartzipsamments (Soto, 1986).

MAZELAS DO SOLO

COMO PRODUTORES DE PROTEÍNAS E TRANSFORMADORES DE RESÍDUOS BIODEGRADÁVEIS

Soto, 1986, analisou o teor protéico de Andiodrilus bogotaensis, Andiodrilus sp., Eisenia fetida, Eisenia m, Glossoscolex sp. e Glossos-colex giganteus, e também avaliou a qualidade do composto produzido por alguns deles, a partir da transformação de resíduos biodegradáveis como esterco bovino, cereja de café e resíduos de frutas.

A. bogotaensis diminuiu a acidez do solo Cryumbrepts da série Chisaca de 4,2 para 5,2 no composto da dieta com resíduos de frutas, o que mostra que a atividade das minhocas contribui para tornar menos drásticas as condições do ambiente que habitam.

ANÁLISE BROMATOLÓGICA

A análise realizada por Soto revelou os teores de proteína, fibra, cinzas, gordura, elementos não nitrogenados, fósforo e cálcio das minhocas E. fetida e Glossoscolex sp. Os valores mais elevados correspondem aos da proteína (entre 54,77% e 68,17%), razão pela qual foram realizados aminogramas para esta fração. O valor encontrado nas minhocas dos solos de Mitu foi de 51,9% (base húmida) em Eisenia sp., no horizonte A do solo classificado como Acroperoxo Petroférrico, numa exploração indígena. A análise da qualidade das proteínas de Eisenia fetida e Glossoscolex sp. registou 19 dos 20 aminoácidos conhecidos.

Todas estas análises contribuirão para reduzir as necessidades de fertilizantes, reduzindo assim os custos de produção e o impacto ecológico no ecossistema através da eliminação de poluentes; permitirão também a reciclagem de materiais biodegradáveis, a melhoria e a conservação das propriedades físicas, químicas e ecológicas do solo.

AS MINHOCAS COMO BIOINDICADORES DE CONTAMINAÇÃO DO SOLO

Romero (1986) estabeleceu que a Eisenia fetida acumula crómio, chumbo e zinco numa proporção mais elevada nas fezes do que nos tecidos, enquanto o cádmio se acumula mais nos tecidos do que nas fezes. É de salientar que os ovos dos vermes estudados são mais susceptíveis à acumulação de Cd, Cu e Pb do que os organismos eclodidos. Os resultados do estudo mostram que Eisenia fetida pode ser utilizada como bioindicadora da contaminação do solo por metais pesados e A. bogotaensis como transformadora destes em elementos benéficos para a produção vegetal.

Uma investigação realizada por Pierre G. (2023) revelou que o vermicomposto altera as propriedades físicas e químicas do estrume animal mais rapidamente do que a compostagem convencional e produz valores óptimos de macronutrientes, em C-Organic.

As minhocas e as plantas podem diminuir as emissões de gases com efeito de estufa do solo, modulando as flutuações da humidade e da macroporosidade do solo, (Pierre Ganault (2023). Além disso, ao promover a incorporação de carbono orgânico no solo, a atividade das minhocas pode diminuir as emissões de gases com efeito de estufa, contribuindo para a regulação do clima da Terra.

Assim, o conhecimento das diferentes espécies de minhocas, da sua capacidade de transformação dos materiais do solo e das condições óptimas para o desenvolvimento das suas actividades, permitirá ao especialista em solos recomendar práticas de gestão para melhorar o solo, através do aumento de determinadas espécies.

B

ESCARABAJO ESTERCOLERO

Família

SCARABEIDA

Classe

INSECTA

Figura 9 Escaravelho do estrume

Os escaravelhos, com mais de 380000 espécies descritas, ocupam quase todos os habitats terrestres e representam cerca de 40% da diversidade de insectos e 25% do total de espécies conhecidas no planeta (A. Pinzon. 1987).

Scarabaeidae é uma das famílias mais numerosas e inclui espécies com estratégias alimentares diversas; a alimentação dos adultos é, em muitos casos, diferente da das larvas, podendo estas espécies ser agrupadas em duas grandes categorias: fitófagas, as que se alimentam de matéria vegetal, e saprófagas, que se alimentam de matéria orgânica em decomposição.

Os escarabeídeos contribuem para importantes funções ecológicas, como a reciclagem de nutrientes através da incorporação de matéria orgânica no solo, o arejamento do solo e a dispersão secundária de sementes em resultado do enterramento de excrementos vazios contendo sementes. Ao mesmo tempo, estas funções ecológicas proporcionam serviços ecossistémicos benéficos, principalmente para a indústria pecuária. Existe uma diferença marcada entre os recursos que servem de alimento para os adultos e os recursos que são efetivamente utilizados para alimentar as bolas de criação, que são, sem dúvida, o alimento das larvas (Halffter e 2009).

Os estudos realizados por Pinzon sobre o escaravelho do estrume, família Scarabeidae, no solo da série Bacata, classificado como distrófico, localizado no município de Madrid, e no solo Tropaquepts andico, localizado no município de Mosquera de la Sabana de Bogotá, mostraram que este organismo é muito exigente em relação à humidade do solo; quando as condições de humidade são escassas, o escaravelho penetra profundamente no perfil.

A atividade dos escaravelhos do estrume reflecte-se nos solos de três formas:

abrindo canais e túneis e formando bolas de estrume no solo chamadas crotovinas Figuras: 10 -11 © e 12-13 ©.

Figura 10 e 11: Material removido pelos escaravelhos (Fotos A. Pinzon)

Figura 13. Crotovina (A. Pinzon)

Figura 12: Transposição da crotovina para o túnel (retirada da Internet)

Para a produção de crotovinas, o escaravelho constrói uma bola com matéria orgânica e estrume, rola-a com as patas traseiras até ao local onde fez um túnel ou buraco e deposita os ovos no seu interior, onde se desenvolverão as larvas ou chizas. Para saber a profundidade que o escaravelho atinge para sair da crotovina, o autor fez um material com gesso e introduziu-o em diferentes túneis e verificou que a profundidade e a forma dos túneis dependem das caraterísticas físicas do solo, figura 14 O.

"Para a elaboração das crotovinas, o escaravelho constrói uma bola com matéria orgânica e estrume, rola-a com as patas traseiras até ao local onde fez o túnel ou buraco, deposita os ovos no seu interior, onde se desenvolverão as larvas ou chiza".

O **Figura 14.** Profundidade de escavação dos túneis (A. Pinzon)

A concentração de nutrientes no tubo digestivo da chiza, de acordo com análises laboratoriais efectuadas por Pinzon, indica que estes organismos contribuem para o enriquecimento do ambiente do solo com nutrientes como o fósforo e o cálcio, bem como para a decomposição e a mineralização da matéria orgânica; a este processo acresce o efeito dos excrementos, a sua atividade de transporte de materiais orgânicos para o interior do solo e a contribuição das exúvias que o organismo deixa durante a sua metamorfose.

"

AINDA HÁ MUITO POR RESOLVER SOBRE A IMPORTÂNCIA DAS MUITAS ESPÉCIES QUE VIVEM NO SOLO, EM TERMOS DA SUA FUNÇÃO E COMPORTAMENTO.

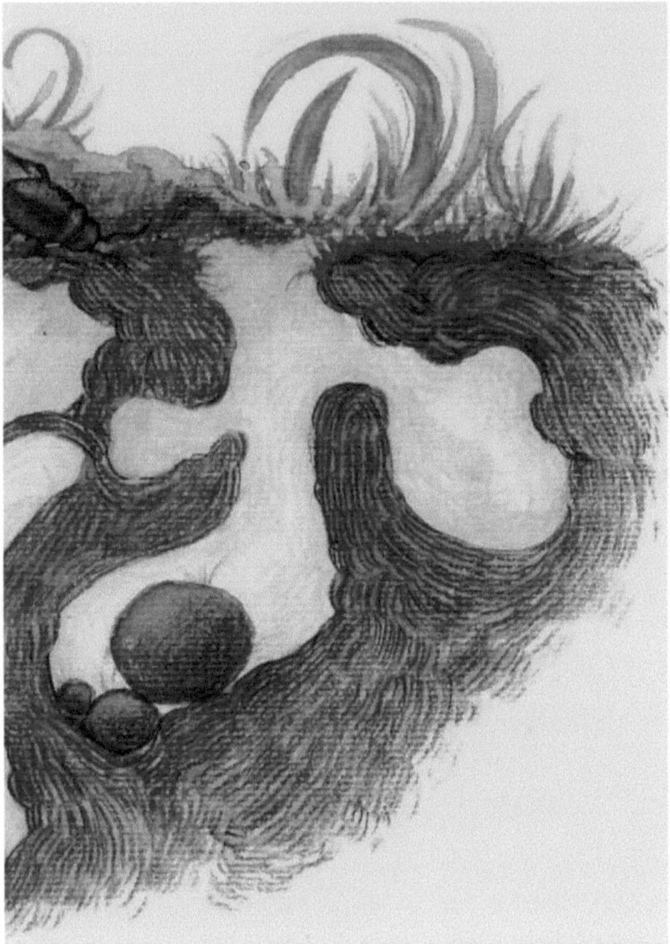

Figura 15.

Escavação de túneis e deposição de crotovina.
Ilustração Luna Pinzon

C

ANT

Família

FORMICIDAE

Classe

INSECTA

O **Figura 16.** Formiga. Retirado da Internet.

Estes insectos são grandes transportadores de resíduos, tais como pedaços de folhas, insectos mortos, etc., que são levados para os formigueiros para alimentar as suas larvas (Figura 17). Dessa forma, elas incorporam matéria orgânica ao solo, ajudando-o a se decompor e transformando-a em nutrientes para as plantas. Outro serviço prestado pelas formigas é o arejamento do solo, melhorando as propriedades hidráulicas dos solos em que constroem os seus ninhos.

ANTS AS BIOTURBANTES DO SOLO

As formigas desempenham um papel fundamental na regeneração dos ecossistemas. Encontram-se principalmente em solos arenosos e areno-cascalhosos, nos quais transportam este material para criar os seus nichos (Figuras 18 e 19).

Figura 17: Galenas formadas pelas formigas. Ilustração Luna Pinzon

As alterações na composição da vegetação, juntamente com a degradação física e química do solo, podem ter impacto na abundância e composição das espécies (Chamorro et al. 1991) e afetar as propriedades ou atributos básicos dos ecossistemas e os bens e serviços que estes fornecem à humanidade. As formigas são também bioindicadores de perturbação devido à sua elevada diversidade e abundância, à variedade de nichos que ocupam, à sua resposta rápida às alterações ambientais e à sua identificação relativamente fácil, podendo ser úteis na avaliação das respostas bióticas a práticas agrícolas como a fertilização, a pulverização e as queimadas.

Figura 18 e 19: Ninhos ou habitats das formigas (Foto A. Pinzon)

"

É MAIS DO QUE TEMPO DE RECONHECER QUE A BIODIVERSIDADE DO SOLO PRESTA MUITOS SERVIÇOS ECOSSISTÉMICOS ESSENCIAIS AOS SERES HUMANOS E AO AMBIENTE.

MODIFICAÇÃO DO SOLO INDUZIDA POR FORMIGAS E SEU EFEITO NA BIOMASSA DAS PLANTAS ABAIXO DO SOLO

Juntamente com a modificação da química do solo, são registadas alterações nas propriedades físicas do solo e na distribuição vertical dos nutrientes. Os ninhos de formigas caracterizavam-se por uma predominância de partículas de areia e uma densidade aparente mais baixa (Pinzon, 1990).

As operárias se alimentam da seiva que retiram diretamente das folhas e caules (figura 20 ©) de diferentes tipos de plantas e detritos vegetais, que misturam com saliva para formar o substrato para a cultura de fungos (figura 21 -), que associam em simbiose mutualística com migalhas no interior das câmaras do formigueiro. Os fungos cultivados são usados para alimentar as larvas, utilizando bactérias dos géneros Pseudonocardia e Streptomyces, que usam como peões para a produção de metabolitos que protegem as suas preciosas culturas.

Em resumo, a construção dos ninhos ou das câmaras pelas formigas modifica as propriedades físico-químicas do solo, o que se manifesta numa aceleração da ciclagem dos nutrientes provocada pela incorporação de matéria orgânica.

Os fungos cultivados são utilizados para alimentar as larvas, utilizando bactérias do género Pseudonocardia e Streptomyces como peões para a produção de metabolitos que protegem as suas preciosas culturas.

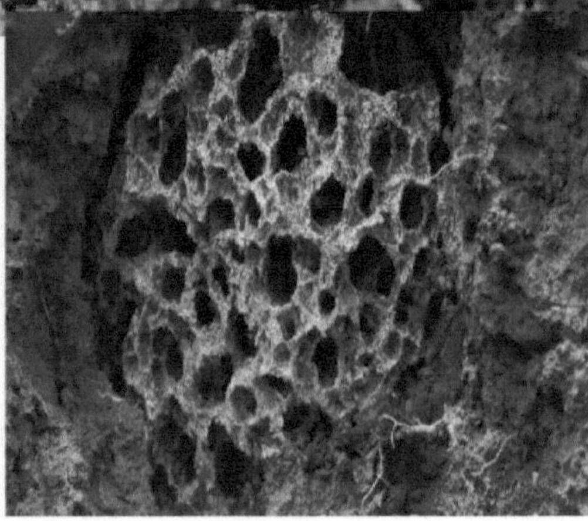

Figura 21. Cultivo de cogumelos dentro de um nicho (retirado da internet)
Figura 20. Formigas cortadeiras.

D

TERMITA

Família

TERMITIDAE

Classe

INSECTA

Figura 22. Térmita. Retirado da Internet.

As térmitas são insectos sociais que formam colónias com diferentes castas ou grupos de indivíduos. As castas diferem tanto na sua aparência como na função que desempenham na colónia. As térmitas subterrâneas estão organizadas em três castas diferentes: reprodutores, trabalhadores e soldados.

As térmitas vivem sem sair deste arranha-céus particular: as obreiras trazem constantemente alimentos para a câmara central da rainha e transportam os ovos para viveiros próximos. Embora as temperaturas variem no interior, a humidade é crucial para os fungos da colónia (fig.23 ®) e é sempre mantida a 80%. Uma estrutura arquitetónica e viva verdadeiramente prodigiosa.

Galvis, Chamorro e Cortes, durante o seu trabalho de campo, observaram monticulas na paisagem (Fig. 24 W), com uma altura média de 50cm, cuja arquitetura interna se caracterizava pela presença de um

Q **Figura 23.** Térmitas a cultivar o seu fungo (fotografia da Internet)

sistema complicado de câmaras, canais e túneis ligados por pequenas aberturas. A forma das térmitas significa que podem ser microhabitats adequados não só para as térmitas, mas também para outros grupos de organismos invasores, como as térmitas, os escaravelhos, os escaravelhos e as aranhas.

Andrea Perna, no seu livro "A arte de construir um ninho", para conhecer a arquitetura e a simetria das termiteiras com uma arquitetura e uma regularidade espantosas, (figuras 25 ©). Cada trabalhador da construção civil deposita os grânulos de terra nos locais onde estes já são abundantes; a coordenação das actividades surge destas acções individuais através de um processo de auto-organização.

As observações dos autores determinaram que as térmitas são o resultado de uma acumulação ordenada e contínua de dejecções, que são o produto final da ingestão de materiais do solo e de detritos vegetais transformados pelas térmitas no seu aparelho digestivo e subsequentemente excretados como uma pasta de cor escura.

Figura 24. Termiteiras (foto A. Pinzon)

Figura 24. Termitero (foto A. Pinzón)

Figura 25. Interior de un nido de termitas reconstruido mediante tomografía de rayos X. (Fuente: Andrea Perna)

Figura 25: Interior de um ninho de térmitas reconstruído por tomografia de raios X (Fonte: Andrea Perna).

EFEITOS DA ACTIVIDADE DAS TÉRMITAS NOS SOLOS

Os estudos morfológicos e físico-químicos efectuados nos solos da área de estudo mostram que a atividade das térmitas altera a morfologia e as propriedades físicas e químicas do solo através do transporte de materiais, da construção dos seus ninhos e da digestão de elementos orgânicos e minerais que depois depositam nas suas estruturas.

ALTERAÇÃO DO
morfologia do solo

A atividade das térmitas altera o micro-relevo do terreno pela formação de ninhos sob a forma de montículos (Figura 26 -) que persistem à superfície mesmo depois de terem sido abandonados e sujeitos a processos de erosão. Outro efeito das térmitas que afecta a morfologia do perfil do solo é a construção de túneis e galenae em alguns horizontes e o preenchimento destas cavidades com materiais translocados dos horizontes superficiais.

Q **Figura 26.** Alteração da paisagem (Foto A, Pinzon)

"

O SOLO É O CENTRO REGULADOR CRÍTICO E DINÂMICO DA MAIORIA DOS PROCESSOS ECOSSISTÉMICOS.

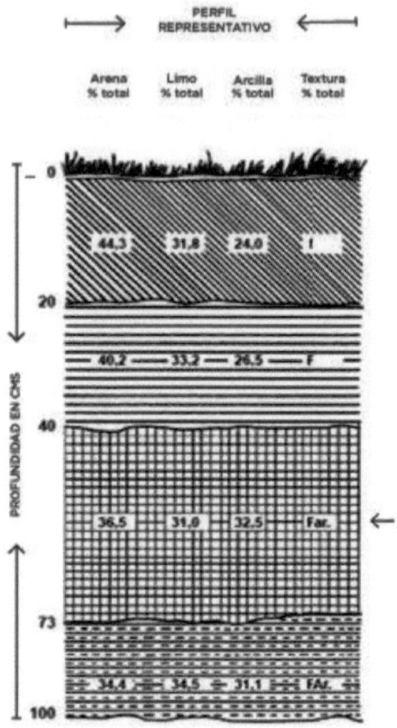

Areia Silte Argila Textura Textura % total % total % total % total % total % total % total

ALTERAÇÕES DAS PROPRIEDADES FÍSICAS

Galvis encontrou um maior teor de argila na zona epígea das térmitas em comparação com a zona basal e o solo superficial subjacente pode ser considerado como uma indicação de que as térmitas estudadas selecionam, até certo ponto, o tamanho das partículas que transportam para a construção do ninho. Os resultados da determinação da distribuição granulométrica (fig.27 ©) sugerem que as térmitas da área estudada obtêm o material do solo para as suas estruturas a partir dos horizontes profundos.

Para a construção dos ninhos, as térmitas selecionam principalmente a fração argilosa e transportam e transformam uma média de três libras de solo por metro quadrado (Galvis et al); esta atividade altera o micro-relevo e a morfologia do perfil do solo. Estes montes são construídos com uma mistura de terra, estrume e saliva de térmitas. De facto, existem também ninhos subterrâneos (hipo geos), acima do solo (epigeos).

A retenção de humidade, bem como o pH, a matéria orgânica, a capacidade de troca iónica, o fósforo utilizável e as bases totais dos materiais das termiteiras são mais elevados na zona epígea do que na base e no solo circundante. Eles também sofrem mudanças significativas na densidade aparente e no espaço poroso. Dados semelhantes são encontrados na Sabana de San Benito Abad, no departamento de Sucre (Tabela 1 ©).

Figura 27. Comparação entre as partículas do solo e as encontradas na termiteira (Galvis).

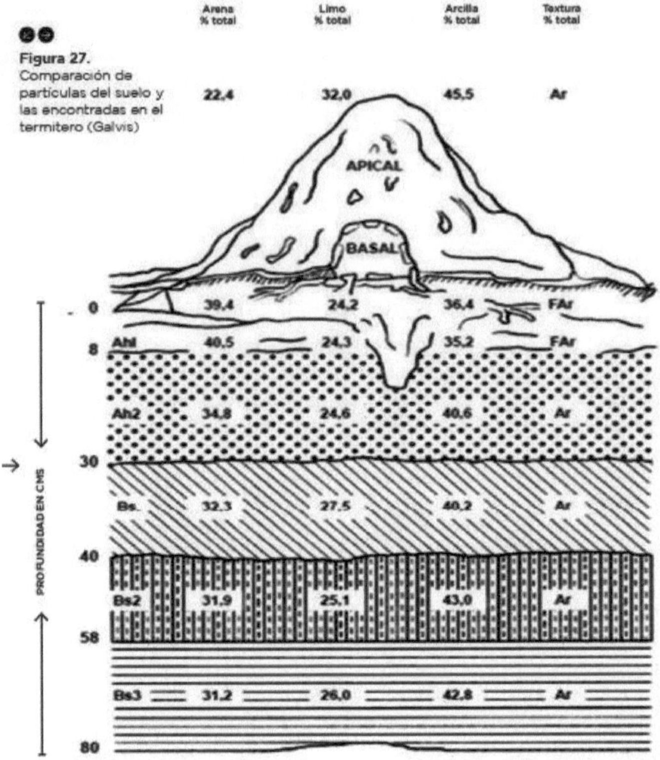

AMOSTRA	pH	CÁLCIO me/100g	MAGNÉSIO me/100g	PHOSPHORUS p.p.m.	CARBONO % % CARBONO % CARBONO % CARBONO % CARBONO % CARBONO % CARBONO % CARBONO
SOLO CIRCUNDANTE	5.2	0.1	0.1	2.0	0.47
TÉRMITRO	5.7	4.4	0.8	6.3	4.92

E

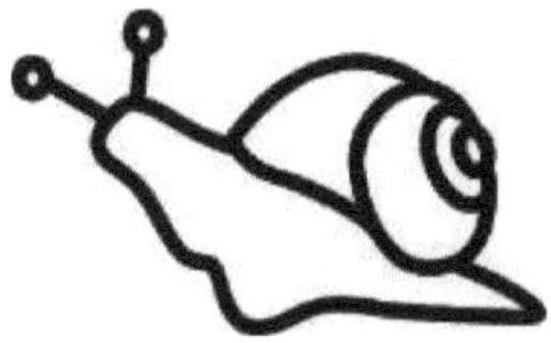

SERINGA

Família

HELICÍDEOS

O **Figura 28.** Caracol, (Fotografia: Angela Pinzon)

Pinzon e Romero (2003), investigaram alguns aspectos relacionados a Helix aspersa, hoje conhecida como Cryptomphalus aspersus, no solo de Haplustalfs em Cucunuba, Cundinamarca, (fig.28 ®). Como caracóis e lesmas são comuns, muitos aspectos de sua ecologia são desconhecidos; a maior parte do alimento desses animais é material vegetal fresco contendo celulose e hemicelulose.

Os caracóis em geral necessitam de solos calcários; a humidade é essencial para a sua biologia, pois regula a sua atividade. O caracol necessita de uma humidade relativa de 75 a 90% e um aumento ou uma diminuição da humidade pode afetar as suas funções vitais. O intervalo de temperatura adequado situa-se entre 16 e 24°C e, tal como a humidade, temperaturas muito mais altas ou mais baixas paralisam a sua atividade.

Para pôr os seus ovos, o caracol cava um buraco com a parte da frente da pata, com cerca de 3 a 4 cm de profundidade e 3 cm de diâmetro e, uma vez feito o buraco, deposita os ovos (Figura 29 -). A incubação dura de 15 a 20 dias, dependendo dos factores ambientais.

O **Figura 29.** Caracóis no solo de Haplustalfs (foto A. Pinzon).

(FAO, 1988). Uma vez eclodido, o juvenil permanece durante 5 a 10 dias na câmara de eclosão, alimentando-se das estruturas dos ovos.

Os caracóis são organismos que, tal como todos os organismos que vivem no solo, provocam transformações físicas e químicas devido às mucoproteínas e às celuloses que se encontram nas suas fezes. Estas mucoproteínas (figura 31 ©) ajudam as partículas do solo a ligarem-se entre si e a formarem agregados estáveis, como demonstrado nesta investigação.

A locomoção deste organismo é muito lenta, tendo-se observado que demorava 1 hora e 15 minutos a deslocar-se 1 metro.

A baba de caracol é composta por proteínas, ácido glicólico e elastina; contém também ácido hialurónico, péptidos de cobre, péptidos antimicrobianos e outros elementos como o cobre, o zinco e o ferro e um pH entre 6,5 e 7,6.

Figura 30. Ovos de caracol (Fotografia A, Pinzon)

Figura 31. Membranas mucosas de caracóis (Fotografia A, Pinzon)

"Os caracóis são organismos que, como todos os organismos que vivem no solo, provocam transformações físicas e químicas devido às mucoproteínas e às celuloses presentes nas suas fezes.

Estes gastrópodes contribuem para a reciclagem da matéria orgânica, embora o seu consumo não seja muito elevado, e favorecem o trabalho dos microrganismos do solo. Além disso, a folhada fragmentada constitui uma fonte de alimento para outros animais que podem estimular ainda mais a atividade microbiana.

Os dados obtidos nesta investigação permitem-nos concluir o seguinte: as suas fezes são um meio ideal para a atividade dos microrganismos do solo, tanto as fezes como o lodo que segregam durante os seus movimentos contribuem para a estrutura das partículas do solo, bem como para a adição de nutrientes ao meio do solo devido à contribuição das mucoproteínas. Ao misturarem fracções orgânicas e inorgânicas, alteram a estrutura do solo, a porosidade, a retenção de água, as trocas gasosas e as propriedades químicas e nutricionais do solo, ajudando a regular a mineralização e a humificação; aumentam também o teor de fósforo, magnésio e potássio e, em maior medida, de cálcio (Romero e Pinzon).

CARACÓIS COMO BIO-INDICADORES DE CONTAMINAÇÃO DE ELEMENTOS METÁLICOS

É muito comum que os solos contenham vestígios de metais pesados como o cobre, o chumbo, o zinco, o níquel, o cádmio e o mercúrio, que podem atingir níveis tóxicos para as plantas e os animais. Existem espécies de caracóis como o Cryptomphalus aspersus (Helix aspersa) e lesmas que armazenam estes metais nas suas glândulas digestivas ou em diferentes tecidos do seu corpo. A análise dos seus órgãos permite-nos ter uma ideia dos níveis de metais em diferentes zonas. Foi demonstrado que podem acumular concentrações mais elevadas do que outros invertebrados (Rodriguez T.).

"

OS ORGANISMOS DO SOLO CONTRIBUEM PARA UMA VASTA GAMA DE SERVIÇOS ECOSSISTÉMICOS QUE SÃO ESSENCIAIS PARA O FUNCIONAMENTO DOS ECOSSISTEMAS NATURAIS E GERIDOS.

F

CIEMPIES

Família

MIRIAPODOS

Classe

CHILÓPODES

ϕ **Figura 32.** Ciempies. Tornado da Internet.

Desempenham um papel ecológico importante no controlo das populações de outros artrópodes e participam no arejamento e no ciclo de nutrientes no solo. São vegetarianos, alimentam-se de matéria orgânica fresca ou em decomposição, preferindo a folhagem semi-decomposta porque não conseguem digerir a celulose. Por conseguinte, têm de ingerir um volume muito grande de resíduos vegetais para os extrair. Estes organismos têm uma grande diversidade de habitats, podendo ser encontrados debaixo de pedras, na folhagem, no solo e sob os excrementos de grandes mamíferos herbívoros (Riojas et al., 1969). A sua distribuição e actividades dependem, em grande medida, da forma dos seus corpos e das relações de humidade.

Necessitam de uma quantidade suficiente de açúcares para satisfazer as suas necessidades, pelo que são muito importantes trituradores e misturadores mecânicos.

Pinzon recolheu os excrementos deixados à superfície (fig. 33 ®) num solo cultivado com palmeiras; os resultados da análise química dos excrementos mostram teores de fósforo, cálcio e carbono orgânico superiores aos encontrados no solo.

A musculatura corporal das centopeias permite-lhes fazer buracos com vários centímetros de profundidade no solo e elas sobem e descem no solo em resposta às mudanças sazonais, contribuindo para a formação de poros e o transporte de água e nutrientes.

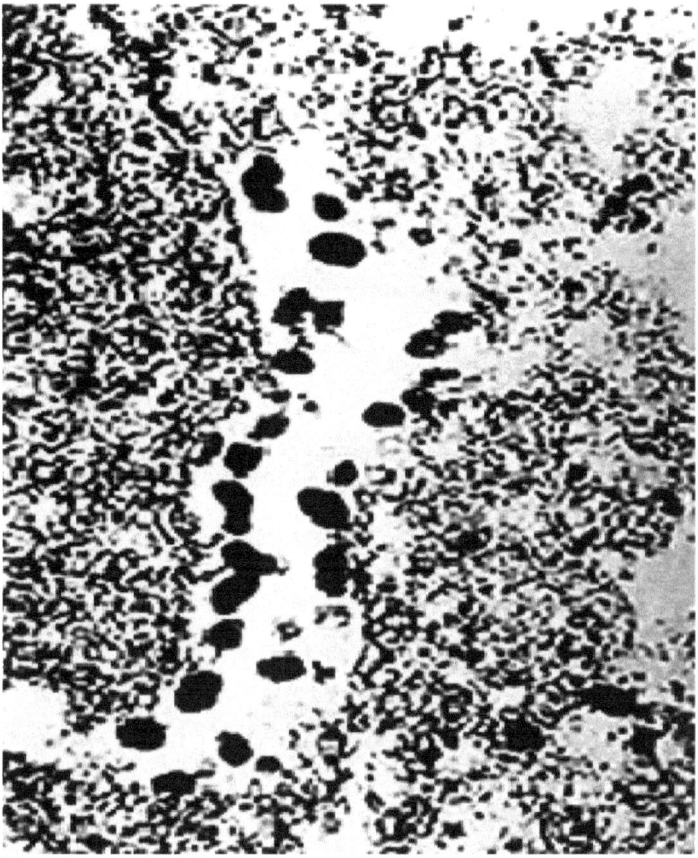

Q **Figura 33.** Fezes de centopeia obtidas com um estereomicroscópio (A. Pinzon).

Os resultados indicam que estes organismos, enquanto representantes dos miriápodes, consomem grandes quantidades de folhas de pouco valor nutritivo e excretam a maior parte delas relativamente inalteradas fisicamente, mas altamente fragmentadas e, por conseguinte, facilmente exploráveis por microrganismos.

De acordo com Lavelle et al. (1994), o consumo de cama por estas aves resulta na desintegração, em alguma hidrólise da celulose, hemicelulose e pectina e na ativação de microrganismos nas fezes, que podem ser retidos após dias ou semanas. Algumas consomem uma certa quantidade de solo, mas não excretam um húmus mull, mas sim um moderado mulliforme. Tanto no mil-folhas como na centopeia, existem algumas espécies que minam e outras que se alimentam e vivem à superfície.

EDAPHOFAUNA NUMA FLORESTA ANDINA DE ALTITUDE DA REGIÃO MONSERRATE

Chamorro e Garda, estudaram a composição edafo-faunística dos níveis epígeos, isto é, no horizonte orgânico e no hipogeu, até profundidades de 40 cm. em zonas fisiograficamente caraterísticas do paramo de Monserrate (3.300 m.a.s.l.), localizado a leste da Sabana de Bogotá e classificado como: Distrudepts e Humitropepts.

A análise dos dados permitiu-nos conhecer os valores de abundância, frequência, constância, dominância e biomassa; além disso, os parâmetros biológicos foram correlacionados com os parâmetros climáticos e edáficos, uma vez que estes são diretamente responsáveis pela manutenção do ecossistema.

Os animais epígeos que habitam parte do perfil orgânico pertencem principalmente às classes Insectos, Arachnida e Oligochaeta e constituem 88% do total analisado. Noventa e dois por cento dos organismos hipogéneos d^pteros e Coleoptera localizam-se preferencialmente nos primeiros 20 cm do solo mineral; os restantes 8% localizam-se na segunda profundidade (20-40 cm) e são geralmente lumbricídeos.

ALTERAÇÕES NA COMUNIDADE MACROFAUNAL EM SOLOS DE VICHADA (QUARTZIPSAMMENTS) AFECTADOS POR QUEIMADAS

CHAMORRO e AMAT, investigaram a incidência de queimadas em Vichada (Colômbia) sobre a comunidade de edafofauna em parcelas experimentais na região de Marandua. As classes Insecta, Arachnida e Oligochaeta foram estudadas durante os 16 meses de experimentação e sob os 3 tratamentos aplicados (sem queimada, queimada e queimada recorrente). O número de indivíduos diminuiu 55% como consequência da primeira queimada, mas recuperou e aumentou em variedade durante os 10 meses seguintes à primeira queimada.

ADAPTAÇÃO TECNOLÓGICA DA VERMICULTURA NA ZONA CAFEEIRA DE ALBAN CUNDINAMARCA

A produção de vermicomposto com Eisenia fetida e Glososcolex sp. foi testada em condições de campo, estufa e laboratório. As minhocas foram alimentadas com estrume de gado, cereja de café e resíduos biodegradáveis isoladamente e em combinação. Os resultados apresentados por Chamorro indicaram que as dietas que incluíam cereja de café produziram os melhores efeitos no rendimento da biomassa animal e nas propriedades físico-químicas do solo, tais como CCC, teor de base total, matéria orgânica, azoto total, fósforo e microelementos. A atividade de Glossoscolex sp. nas propriedades acima referidas é ligeiramente inferior à de E. fetida, que pode ser produzida em massa em condições ambientais semi-controladas. A utilização de vermicomposto pode poupar cerca de 50% em comparação com a fertilização tradicional.

"

O SOLO ALBERGA CERCA DE 25% DA BIODIVERSIDADE DO PLANETA E, SEGUNDO A FAO, FORNECE DIRECTA OU INDIRECTAMENTE 95% DOS ALIMENTOS QUE CONSUMIMOS.

ESTUDO BIOEDAFOLÓGICO PRELIMINAR DA ILHA DE GORGONA

A fauna do solo desempenha um papel essencial na formação, evolução e desenvolvimento do substrato que habita. No entanto, trata-se de uma interação recíproca, uma vez que as condições do ambiente do solo determinam, por sua vez, os processos biológicos que nele ocorrem. A edafofauna, juntamente com a vegetação, factores activos na formação do solo, interrelacionam-se com o clima, o relevo, o tempo e o material de origem, determinando assim as diferentes classes de solo.

Os solos da Ilha da Gorgona são na sua maioria lnceptisols, caracterizados por uma exuberante cobertura vegetal em grande parte da sua superfície e por estarem sujeitos a condições tropicais de elevada humidade e altas temperaturas durante a maior parte do ano, como consequência, a matéria orgânica em processo de decomposição é incorporada no ciclo do solo. Os resultados da amostragem realizada por Chamorro correspondente aos nove perfis, foram registadas oito classes: Insecta. Arachnida. Diplopoda, Quilopoda. Symphila, Crustacea, Clitelata e Gasteropoda, pertencentes ao filo: Artrhopoda. Annelida e Mollusca.

ARTROPOFAUNA ASSOCIADA A SOLOS DA FLORESTA ALTO-ANDINA DO MACIÇO COLOMBIANO

Chamorro e Camero identificaram a fauna do solo em duas florestas andinas altas do maciço colombiano para avaliar as diferenças na sua composição, abundância e diversidade em relação a áreas de pastagem geradas pela desflorestação da cobertura natural.

Foram encontradas diferenças na composição, abundância e diversidade da fauna do solo em função do tipo de cobertura vegetal, com maior semelhança entre a fauna de florestas em áreas diferentes do que entre florestas e pastagens na mesma localidade, inferindo assim a influência na estrutura biológica à escala da paisagem. A diversidade biológica diminui com a profundidade do solo, independentemente da cobertura vegetal. A influência da desflorestação das florestas naturais na diversidade faunística é evidente.

CARACTERIZAÇÃO ECOLÓGICA DE MINHOCAS NATIVAS (PHERETIMA SP., EUDOVOSCOLEX SP. E PERISCOLEX SP.) SOB DIFERENTES USOS DO SOLO (GUAVIARE, COLÔMBIA)

Chamorro e Leon caracterizaram as populações de minhocas de Pheretima sp., Eudovoscolex sp. e Periscolex sp. em um solo classificado como Distropo Típico, no município de El Retor no (Guaviare, Colômbia), sob oito tipos de uso: pastagem não pastoreada, pastagem semi-pastoreada, arranjo silvopastoril, cultivos de chontaduro, cacau rasteiro, restolho de cinco anos, restolho de segundo ano e floresta. Foram utilizadas dez unidades amostrais por cobertura, avaliando-se parâmetros de abundância, densidade e biomassa em relação a algumas caraterísticas físicas do solo. Os resultados mostraram diferenças significativas entre os números totais de ovos e adultos no sistema silvipastoril vs. pastagens e no pasto semi-pastoreio vs. pasto não pastoreado e de adultos na cobertura de chontaduro vs. cacau. Enquanto na floresta natural as espécies estão igualmente distribuídas, nas outras culturas de cobertura há padrões de distribuição diferentes. Foram encontradas correlações entre a biomassa, densidade e abundância de minhocas com os teores de fósforo e magnésio e a densidade aparente do solo.

"Os resultados da amostragem efectuada por Chamorro para os nove perfis, foram registadas oito classes: Insecta. Arachnida. Diplopoda, Quilopoda. Symphila, Crustacea, Clitelata e Gasteropoda, pertencentes ao filo: Artrhopoda. Annelida e Mollusca.

CONSIDERAÇÕES

O solo contém pelo menos um quarto a um terço de todos os organismos vivos do planeta, mas apenas cerca de 1% dos macro-organismos do solo foram identificados".

Para alcançar a sustentabilidade e a resiliência do espaço rural, é necessário compreender as funções desempenhadas pelo solo, melhorar a gestão e, sobretudo, compreender o papel desempenhado pela biodiversidade que aí existe, dando-lhe a relevância que merece em termos da sua função.

De acordo com fontes oficiais como a FAO, as alterações climáticas e as actividades humanas - incluindo a má gestão das práticas agrícolas - estão a conduzir a uma perda da biodiversidade do solo e das suas funções a uma taxa de extinção atualmente estimada entre 100 e 1000 vezes mais rápida do que seria considerado natural.

É importante saber o que aconteceu com as alterações climáticas, como é que os hábitos destes organismos se alteraram e quais serão as repercussões nos solos e quais serão as consequências ao nível dos ecossistemas terrestres; esta é uma tarefa importante para as próximas gerações de investigadores.

BIBLIOGRAFIA

Brevik, E. C. 2014 A natureza interdisciplinar do SOIL. Soil Journal Soil Journal 2014 A natureza interdisciplinar do SOIL.

CANTIL, L. F. 2016. Bolas de cria atuais e fósseis de besouros necrófagos. Tese.

CHAMORRO, C. 1996. Avances del cono cimiento Bioedafologico en Colombia. Revista Universidad Nacional de Colombia.

CHAMORRO, C.; Garcia 1998. Contribuição para o conhecimento da dinâmica temporal da edafofauna num bosque alto andino da região de Monserrate. Revista Universidad Nacional de Colombia.

CHAMORRO, C. 1982. Influencia del medio edáfico en la población de lombriz del suelo en la Sabana de Bogotá. Boletín del dpto. de Biología de la UN de Colombia.

CHAMORRO, C.; Amat 1987 Alterações na comunidade macrofaunística em solos de Vichada (Quartzipsamment) afectados por queimadas CHAMORRO, C. 1989. Efeito do uso da terra na composição edafo-faunística dos solos que rodeiam a cidade de Bogotá. Volume XIX da revista do SCCS Suelos ecuatoriales.

CHAMORRO C. LEON T. 1989. Caracterização ecológica de minhocas nativas (pheretima sp., eudovoscolex sp. e periscolex sp.) sob diferentes usos do solo (Guaviare, Colômbia). Agronomia Colombiana 1998 Volume XV No. 23 CHAMORRO C. et al. 1989. Estudio Bioeda- fologico Preliminar de La Isla Gorgona Ata biológica colombiana.

CHAMORRO C. MARTINEZ N., RO-
DRIGUEZ. 1992. Adaptação tecnológica de
A exploração madeireira na zona cafeeira de Alban Cundinamarca CHAMORRO, C. et al. 1995. Caracterização da edafofauna e sua dinâmica em relação ao uso do solo. Aspectos ambientais para o ordenamento territorial do Município de Mitú, departamento do Vaupés, Tomo III. IGAC.

CHAMORRO C. CAMERO E. 2021. Antropofauna associada a solos de floresta alta andina do Maciço Colombiano. Revista Entomotropica, Vol. 36.

CORTES, A. 1985. O solo e a sua diversidade. Re- vista Universidad Jorge Tadeo Lozano. Bogotá.

FUENTES A., CHAMORRO C., LEON T.
1998. Agronomia Colombiana Volume XV. No. 2.

GALVIS, H. VALENCIA, Z. CHAMORRO
C., CORTES, A. 1975. Efeito edáfico da formiga Atta laevigata em alguns solos do centro de desenvolvimento integrado Las Gaviotas na Orinoquia colombiana. Tese Universidade Nacional.

HALFFTER, G. 1997. Comportamento subsocial em escaravelhos Scarabaeinae. Em: Choe J.C. e Cresspi B.J. (Eds.). The Evolution of Social Behaviour in In- sects and Arachnids. Cambridge University Press.

HUHTA, V. 2006. O papel da fauna do solo nos ecossistemas: Uma revisão histórica. Pedobiologia 50 (2007) 489-495.

LAVELLE, P., Espanha, A. (2001). Ecologia do solo.
Kluwer Scientific Publications, Amesterdão, Países Baixos.

LAVELLE, P. 1996. Diversidade da fauna do solo e função dos ecossistemas. Biology International. 33

LEON S. T. 2021. A estrutura agroecológica principal dos agroecossistemas.

Universidade Nacional. Pag. 217 MONROY, F; Aira, M.; Domínguez J. 2011. Facultad de Ciencias Exactas y Naturales, Uni- versidad de Buenos Aires NUÑEZ, B. 2015. Biodiversidade, matéria orgânica e estrutura do solo. Tese de doutorado. Universidade de Burgos Espanha.

PEDOBIOLOGIA (Journal of soil Ecolo- gy).2023.

PERNA, A. 2013. A arte de construir um ninho.

Ed, Investigação e Ciência PINZON, A. 1976. Aspectos biológicos e edáficos da chiza (larva de besouro do esterco) de alguns solos de pradaria da Sabana de Bogotá.

PINZON, A. 1990. Caraterísticas dos solos afectados pela ação das térmitas (artigo).

PINZON, A. 2008. Física dos solos. Projeto Zarate. Pag. 205 PINZON, A. 2012. Ciência do solo. Ed. Cargrap- fics. pag. 294.

PINZON, A. 2016. Física do solo II. Ed. ed.

Desenho de Zarate. Página 123.

PINZON, A; ROMERO M. 2006. Ação pedobiológica da fauna do solo. Congresso Mundial de Ciência do Solo. Philadelphia, USA, REDFERN, S. 2013. Excrementos de lom- bros, uma chave para medir o clima do passado.

Geochimica et Cosmochimica RODRIGUEZ, T. 2023. Lesmas e caracóis, de fertilizantes e bioindicadores de poluição a pragas de culturas. Universidade de Santiago de Compostela.

ROMERO, M. 1986. A minhoca como indicador de contaminação do solo. Tese de Doutorado, Universidade de Bogotá Jorge Tadeo Lozano.

ROMERO, M. 1998. Transformação de resíduos orgânicos através da criação de lombrigas de solo.

ROMERO, M, 2002 Caraterísticas químicas do vermicomposto feito de jacinto de água e estrume de gado. Revista Suelos Ecuatoriales.

Vol. 22.

ROMERO, M, 2002. Efeito do vermicomposto na fertilidade do solo utilizando a alface como planta indicadora. Revista Suelos Ecuato- riales. Vol. 22.

ROYERO, S. 2019. Macrofauna edáfica y caraterísticas físicas y químicas del suelo en áreas con diferentes sistemas de manejo en el departa- mento del Atlántico, Colombia. Tese Universidad Nacional de Colombia Medellín, Colombia.

SCHULTZ, T. R. 2020. Formigas cultivadoras de fungos. Em Encyclopedia of Social Insects. Springer International Publishing.

SOTO, L. 1986. Conteúdo proteico da minhoca Andiodrilus bogotaensis. Tese Bogotá, Universidad Nacional de Colombia.

TAPIA, C. 2019. Caracterização da macrofauna do solo em fragmentos florestais no município de Letícia, Amazônia colombiana.

Revista Colombiana de Ciencia Animal, vol. 11, no. 1.

O papel da fauna do solo nos ecossistemas:mA revisão histórica

VERSTEEGH, E. 2013. Excrementos de minhocas, uma chave para medir o clima passado. BBC News Mundo.

O AUTOR

Marfa Angela Pinzon Pinto

Agrologista, licenciado em Biologia e Mestre. Experiência de 25 anos no laboratório de física dos solos do IGAC. Ensino e investigação na UJTL, UDCA, UNICUNDI. Direção de 10 teses. Apresentação de 5 investigações em congressos mundiais e o mesmo número em congressos latino-americanos, participação no livro "Amazonia y Agua" ed. da Unesco. Autor das seguintes pesquisas; Índice de degradação dos solos do Trapézio Amazônico. Compactação de solos pela ação do pisoteio do gado no lomerio amazônico. Avaliação e comportamento das propriedades físicas no município de Mitu. Alteração das propriedades físicas dos Andisols devido à secagem. Propriedades físicas dos solos nos Paramos de Chingaza, Neusa e Sumapaz. Avaliação da microestrutura e porosidade do solo através de tomografia computadorizada. Avaliação das dimensões fractais para aplicação na porosidade do solo. Factores e mecanismos de formação de crostas calcárias estruturais em solos. Mais de 30 trabalhos de investigação publicados na revista Suelos Ecuatoriales.

PEDOBIOLOGIA

Maria Angela Pinzon Pinto

MIX
Papier aus verantwortungsvollen Quellen
Paper from responsible sources
FSC® C105338

Printed by Books on Demand GmbH, Norderstedt / Germany